U0358992

洛克数学启蒙 ④

巧克力

巧克力、热糖浆、坚果

巧克力、热糖浆、彩色糖粒

巧克力、焦糖、坚果

巧克力、焦糖、彩色糖粒

香草

香草、热糖浆、坚果

香草、热糖浆、彩色糖粒

香草、焦糖、坚果

香草、焦糖、彩色糖粒

MathStart
洛克数学启蒙 ④

圣代冰激凌

[美]斯图尔特·J.墨菲 文　　[美]辛西娅·贾巴 图　　漆仰平 译

海峡出版发行集团　福建少年儿童出版社
THE STRAITS PUBLISHING & DISTRIBUTING GROUP　FUJIAN CHILDREN'S PUBLISHING HOUSE

排列组合

献给已经知道用勺吃冰激凌的杰克。

——斯图尔特·J.墨菲

献给我爱的妈妈。

——辛西娅·贾巴

THE SUNDAE SCOOP

Text Copyright © 2003 by Stuart J. Murphy

Illustration Copyright © 2003 by Cynthia Jabar

Published by arrangement with HarperCollins Children's Books, a division of HarperCollins Publishers through Bardon-Chinese Media Agency

Simplified Chinese translation copyright © 2023 by Look Book (Beijing) Cultural Development Co., Ltd.

ALL RIGHTS RESERVED

著作权合同登记号：图字 13-2023-038号

图书在版编目（CIP）数据

洛克数学启蒙.4.圣代冰激凌 / (美) 斯图尔特·J.墨菲文；(美) 辛西娅·贾巴图；漆仰平译. –– 福州：福建少年儿童出版社, 2023.9
ISBN 978-7-5395-8245-0

Ⅰ.①洛… Ⅱ.①斯… ②辛… ③漆… Ⅲ.①数学 –儿童读物 Ⅳ.①O1-49

中国国家版本馆CIP数据核字(2023)第074631号

LUOKE SHUXUE QIMENG 4 · SHENGDAI BINGJILING

洛克数学启蒙4·圣代冰激凌

著　者：[美]斯图尔特·J.墨菲　文　[美]辛西娅·贾巴　图　漆仰平　译
出 版 人：陈远　出版发行：福建少年儿童出版社　http://www.fjcp.com　e-mail:fcph@fjcp.com　社址：福州市东水路 76 号 17 层（邮编：350001）
选题策划：洛克博克　责任编辑：邓涛　助理编辑：陈若芸　特约编辑：刘丹亭　美术设计：翠翠　电话：010-53606116（发行部）　印刷：北京利丰雅高长城印刷有限公司
开　本：889 毫米 ×1092 毫米　1/16　印张：2.5　版次：2023 年 9 月第 1 版　印次：2023 年 9 月第 1 次印刷　ISBN 978-7-5395-8245-0　定价：24.80 元

温妮老师是学校餐厅的管理员，她正在为校园野餐会准备冰激凌摊位。劳伦、詹姆斯、埃米莉，还有温妮的猫咪棉花糖都来帮忙。

"我有一个绝妙的想法！我们来做圣代冰激凌吧！"温妮提议。
"太酷了！"詹姆斯畅想起来，"如果我们做出各种各样的圣代冰激凌，绝对能成为野餐会的最佳摊位！"

温妮老师

詹姆斯

5

　　"快开动你们的小脑筋，"温妮说，"我们该提供什么口味的冰激凌呢？"

　　"巧克力口味！"劳伦说，"我的最爱。"

　　"泡泡糖口味！"詹姆斯说。

　　"薄荷口味！"埃米莉说。

　　"呃，那也太多了吧！"温妮抱怨道，"就准备香草和巧克力的吧。"

"那浇什么调味汁呢？"温妮问大家。
"香草配焦糖！"埃米莉说，"我最喜欢焦糖了。"

"巧克力配热糖浆！"劳伦提议。
"听上去就好吃！"詹姆斯满心向往。

"太棒了！"温妮接过话来，"我要在黑板上画一张图表。看看如果我们有两种冰激凌和两种调味汁，那么能做出多少种不同口味的圣代冰激凌。"

"好像是4种。"詹姆斯答道。

"再加点坚果怎么样？"劳伦提议。

"彩色糖粒呢？"詹姆斯说，"糖粒是我的最爱。"

"说得对啊，"温妮赞同，"圣代冰激凌也需要点缀。"

"我希望有足够多的组合。"埃米莉皱着眉头说。
"比你想象的还要多。"温妮说。

"每种圣代冰激凌都由一种口味的冰激凌、一种调味汁和一种配料组成，"温妮解释道，"第一种组合是香草、热糖浆和彩色糖粒。"

　　"噢，我明白了，"劳伦说，"也可以选择香草、焦糖和彩色糖粒。"

　　"太棒了！"詹姆斯开心极了，"现在有8种不同的选择。真是太丰富啦！"

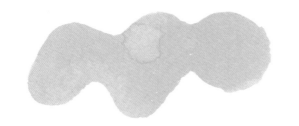

野餐会那天，阳光明媚，温暖舒适。人人都想要圣代冰激凌。

"我们来挖冰激凌球吧！"温妮说。

"瞧瞧这队排的。"劳伦小声对埃米莉嘀咕。

埃米莉抬头望了望，说道："但愿我们最爱吃的口味不会卖光。"

17

埃米莉挖冰激凌球，詹姆斯负责浇调味汁，温妮往上撒坚果，劳伦则一边抖着彩色糖粒一边跳舞。

"一哒哒……二哒哒……
一、二……哎呀！"她惊呼。

"这是我们全部的彩色糖粒了！"埃米莉抱怨说。
"是啊，"詹姆斯说，"我的最爱没有了。"
棉花糖看来并不介意。

"我们最好改一下广告牌。"温妮说，
"现在，我们只剩下4种圣代冰激凌了。"

詹姆斯开始为下一个圣代冰激凌浇焦糖汁。

"当心棉花糖。"劳伦提醒道。

“它在哪里？”詹姆斯问。

“詹姆斯！”埃米莉责怪道，“看你倒在哪儿了！”

“哎呀！”詹姆斯惊呼。

"焦糖汁就这么多了。"劳伦嘟囔着。

"我的最爱呀。"埃米莉伤心地说。

"现在只有两种圣代冰激凌可选了。"詹姆斯说。

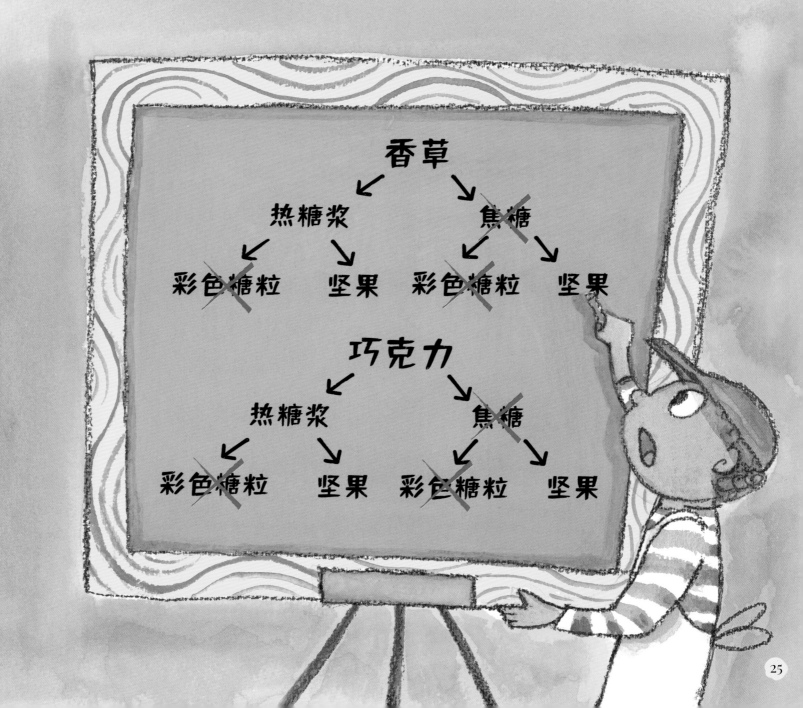

阳光越来越火辣，天气越来越热。"挖冰激凌球的速度要快！"
温妮嘱咐埃米莉，"巧克力冰激凌都快化成巧克力汤了！"
埃米莉用她最快的速度挖着冰激凌球，可惜还是不够快。

"我的最爱也没有了。"劳伦叹了口气。
"别让棉花糖喝巧克力汤！"詹姆斯说。
"最好再改一下广告牌。"温妮说。

热糖浆

坚果

27

"排队的人只剩最后一位了，"埃米莉松了一口气，
"谢天谢地！现在可以吃我们自己做的圣代冰激凌了。"
　　詹姆斯说："可是没有糖粒了。"
　　"也没有焦糖汁。"埃米莉说。
　　"巧克力冰激凌也没了。"劳伦补充道。
　　"喵。"棉花糖叫了一声。

"天哪，你们说得没错！"温妮说，"只剩下一种圣代冰激凌了。"

"香草冰激凌加热糖浆和坚果，"温妮说，
"正是我的最爱！给我递个勺子！"

30

　　《圣代冰激凌》所涉及的数学概念是排列组合。求出给定条件下一组物品可以有多少种不同的组合是一种重要的解决问题的思路，也是一种初级代数技能。

　　对于《圣代冰激凌》所呈现的数学概念，如果你们想从中获得更多乐趣，有以下几条建议：

　　1. 和孩子一起读故事，帮助孩子理解故事中圣代冰激凌的不同组合。讨论图上冰激凌的种类是如何随着故事情节的发展而变化的。

　　2. 再次阅读故事时，可以向孩子提出这样的问题："有几种口味的冰激凌？""有多少种调味汁？""有多少种配料？""能做出多少种圣代冰激凌？"

　　3. 创作属于自己的圣代冰激凌故事。让孩子想出几种不同口味的冰激凌、调味汁和配料，并把它们分别写下来。帮助孩子画出与故事中相似的组合示意图，看看用这些想象中的原料能做出多少种圣代冰激凌。

　　4. 和孩子一起编一个关于排列组合的故事。例如，你可以说："学校商店出售红、蓝两种颜色的铅笔。这些铅笔可以搭配粉色、蓝色或绿色的橡皮头。你可以让人用绿色或黄色的墨水把你的名字印在铅笔上。你有多少种铅笔可选择？"协助孩子画出故事中那样的组合示意图，据此找出问题的答案。

如果你想将本书中的数学概念扩展到孩子的日常生活中，可以参考以下这些游戏活动：

1. 订购午餐：找来一张快餐店的菜单，让孩子选出他最喜欢的三明治，然后再选出他喜欢的2种饮料和3种甜点。看一看用这些选择可以搭配出多少种午餐。

2. 装饰饼干：帮助孩子烘焙两种口味的饼干，比如糖屑曲奇和燕麦曲奇。选2种颜色的糖衣和3种口味的糖屑。如果每种饼干都用一种颜色的糖衣和一种口味的糖屑做装饰，协助孩子算出一共可以搭配出多少种组合。

3. 服装搭配：为孩子准备2双鞋子、4件衬衫和2条裤子。协助孩子算出他一共可以穿出多少种搭配。

巧克力

巧克力、热糖浆、坚果

巧克力、热糖浆、彩色糖粒

巧克力、焦糖、坚果

巧克力、焦糖、彩色糖粒

香草

香草、热糖浆、坚果

香草、热糖浆、彩色糖粒

香草、焦糖、坚果

香草、焦糖、彩色糖粒

洛克数学启蒙

《虫虫大游行》	比较
《超人麦迪》	比较轻重
《一双袜子》	配对
《马戏团里的形状》	认识形状
《虫虫爱跳舞》	方位
《宇宙无敌舰长》	立体图形
《手套不见了》	奇数和偶数
《跳跃的蜥蜴》	按群计数
《车上的动物们》	加法
《怪兽音乐椅》	减法

《小小消防员》	分类
《1、2、3，茄子》	数字排序
《酷炫100天》	认识1~100
《嘀嘀，小汽车来了》	认识规律
《最棒的假期》	收集数据
《时间到了》	认识时间
《大了还是小了》	数字比较
《会数数的奥马利》	计数
《全部加一倍》	倍数
《狂欢购物节》	巧算加法

《人人都有蓝莓派》	加法进位
《鲨鱼游泳训练营》	两位数减法
《跳跳猴的游行》	按群计数
《袋鼠专属任务》	乘法算式
《给我分一半》	认识对半平分
《开心嘉年华》	除法
《地球日，万岁》	位值
《起床出发了》	认识时间线
《打喷嚏的马》	预测
《谁猜得对》	估算

《我的比较好》	面积
《小胡椒大事记》	认识日历
《柠檬汁特卖》	条形统计图
《圣代冰激凌》	排列组合
《波莉的笔友》	公制单位
《自行车环行赛》	周长
《也许是开心果》	概率
《比零还少》	负数
《灰熊日报》	百分比
《比赛时间到》	时间